Die

Lichtbogenzündung

nebst

Störungserscheinungen

Von

Hermann Mertz, Oberingenieur

Mit 29 Abbildungen

Berlin W 10
Verlag von M. Krayn
1923

I.

Die heutige Lichtbogenzündung.

Von **Hermann Mertz,** Oberingenieur.

Ein gut Teil zu dem erfolgreichen Aufschwung der Automobilindustrie haben die Zündapparate und Zündkerzen beigetragen. Man hat mit Recht die Zündung als das „belebende Element“ der Verbrennungskraftmaschine bezeichnet.

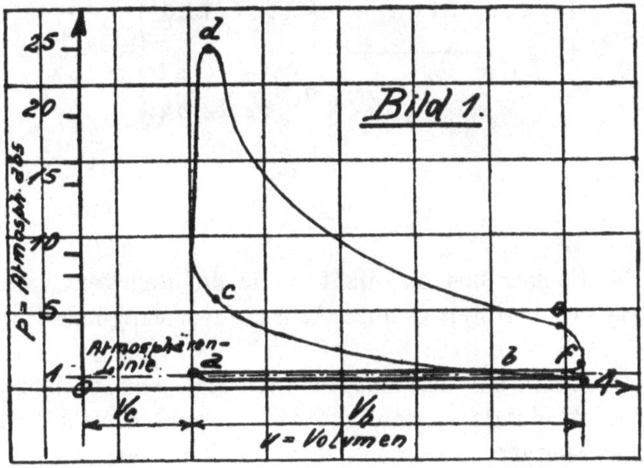

Auf welchen Gesetzen beruht nun die „Zündung“, und welches ist die praktische Entwicklung der Zündapparate?

An nebenstehendem pv-Diagramm (Abb. 1) seien kurz die Arbeitstakte eines Viertakt-Motors gezeigt.

Strecke a—1 = Ansaugen des Brennstoff-Luftgemisches.

„ 1—b = Druckausgleich bis zur Atmosphärenlinie.

„ b—c = polytropische Verdichtung.

in *c* = Entzündung des verdichteten Gemisches durch elektrische Funken.

Strecke *c*—*d* = Verbrennung (Verpuffung) der Ladung.

„ *d*—*e* = nahezu adiabatische Ausdehnung der Gase.

„ *e*—*f* = Druckausgleich (Auspuff).

„ *f*—*a* = Ausschieben der Verbrennungsrückstände.

In diesem Kreisprozeß nimmt die Entzündung durch elek-

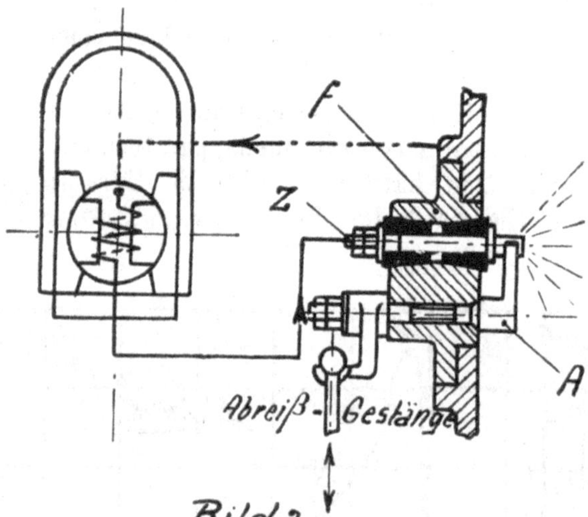

Bild 2.

trische Funken des bis dicht unter die Selbstentzündungsgrenze verdichteten Gemisches eine hervorragende Stellung ein.

Im Laufe der Zeit entwickelten sich verschiedene elektrische Zündungssysteme, die sich sowohl hinsichtlich der Stromerzeugung, als auch der Funkenerzeugung grundsätzlich voneinander unterscheiden.

D e r e l e k t r i s c h e S t r o m kann erzeugt werden entweder durch Umsetzung chemischer Energie in elektrische, wie dies in den Akkumulatoren der Fall ist, oder mittels des magnetelektrischen Prinzips. Die Grundlagen dieses Prinzips bestehen darin, daß ein Leiter (Ankerwicklung) in einem Dauermagnetfeld gedreht wird und durch die Kraftlinienschnitte ein elektrischer Strom induziert wird.

Diese Entdeckung Faradays beruht also auf der Umformung mechanischer Energie in elektrische, und die Zündapparatindustrie hat sich diese Erkenntnis in weitestgehendem Maß nutzbar gemacht.

Für die Erzeugung eines Funkens war zunächst die Tatsache ausschlaggebend, daß bei mechanischer Öffnung eines Stromkreises von 80—100 Volt Spannung ein sogenannter Öffnungsfunke entsteht. Der Wärmeinhalt eines solchen Funkens ist verhältnismäßig groß und seine zeitliche Ausdehnung desgleichen. Auf dieser Tatsache sind die Abreiß-(Niederspannungs-)Zündapparate rotierenden und pendelnden Antriebs aufgebaut. Abb. 2

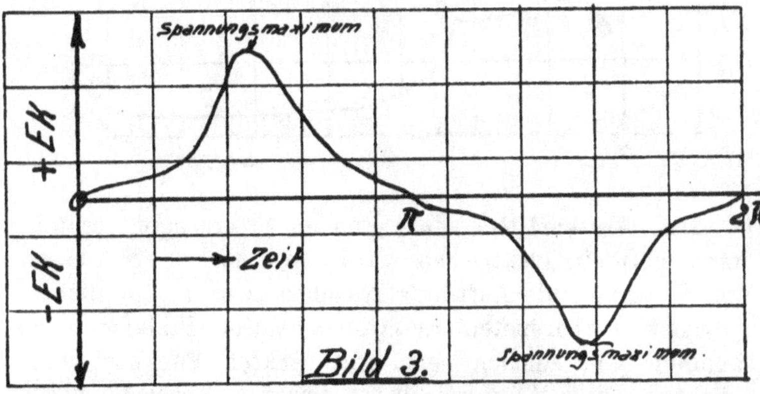

Bild 3.

veranschaulicht schematisch die elektrische Abreißzündung, wie sie heute noch bei langsam laufenden, ortsfesten Motoren benützt wird. Durch die Drehung des I-Ankers im Dauermagnetfeld wird ein niedrig gespannter Wechselstrom von spitzer Kurvenform erzeugt (Abb. 3). Das eine Wicklungsende ist mit der Masse des Ankers leitend verbunden, während das andere Ende zu einem isolierten Stromabnehmer führt. Von hier wird der Strom mittels eines Kabels dem im Zündflansch *f* isoliert sitzenden Zündstift Z zugeleitet. Der Abreißhebel *A* öffnet oder schließt den Stromkreis, dessen Rückleitung durch die Motormasse bewirkt wird. Im Augenblick des Spannungsmaximums (Abb. 2 und 3) wird durch ein von der Steuerwelle des Motors betätigtes Abreißgestänge der Abreißhebel *A* schlagfertig vom Zündstift Z getrennt, wodurch der oben beschriebene Öffnungsfunke entsteht, der nunmehr die Entflammung der Ladung intensiv einleitet. Die Schließung des Stromkreises wird nach Verlauf eines bestimmten Kurbelwinkels durch Anlenkung des Hebels *A* an den Stift Z mittels Federkraft erreicht.

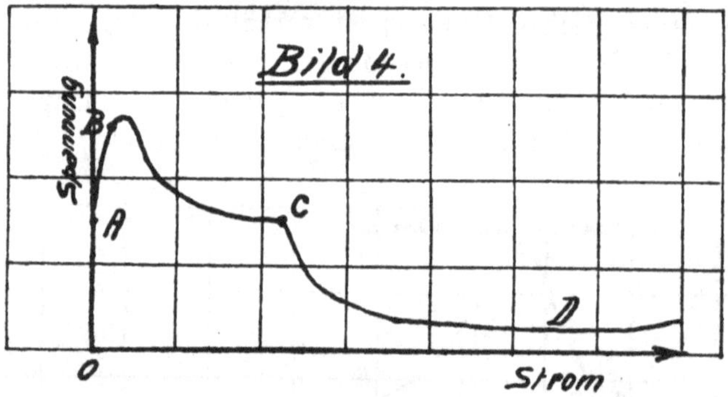

Das zweite Mittel, einen Funken zu erzeugen, besteht darin, daß ein elektrischer Strom von mehreren tausend Volt Spannung die Luftsäule zwischen zwei unbeweglichen, getrennt angeordneten Elektroden, unter Bildung eines räumlich und zeitlich sehr beschränkten Funkens überbrückt. Die Wärmewirkung dieses „Hochspannungsfunkens“ ist gegenüber dem „Abreißfunken“ viel kleiner. Die Batteriezündung, die den Hochspannungsfunken erzeugt, hat diesen Nachteil neben der Abhängigkeit von der chemischen Stromquelle mit ihren Unsicherheiten. Anderseits hat sie den Vorteil der Anpassungsfähigkeit an jede Motorkonstruktion und vor allem keine innerhalb des Zylinders beweglichen Kontaktstücke mit den damit verbundenen Nachteilen. Die mechanisch wirkende Abreißzündung hat trotz des heißen und lang andauernden Funkens und der Zuverlässigkeit den großen Nachteil des manchmal sehr komplizierten Abreißgestänges, das immer von Fall zu Fall dem jeweiligen Motor angepaßt werden muß und eine geordnete Reihenfabrikation der vollständigen Zündungseinrichtung erschwert und verteuert. Man mußte also auf Mittel und Wege sinnen, wie man am zweckmäßigsten die Vorteile beider Systeme vereinigen konnte, ohne deren bereits geschilderte Nachteile zu übernehmen. Die Lösung dieser Aufgabe stellt die „Lichtbogenzündung“ dar, die einen heißen, nicht allzu kurzzeitigen Funken an den raumfesten Elektroden einer sogenannten Zündkerze erzeugt.

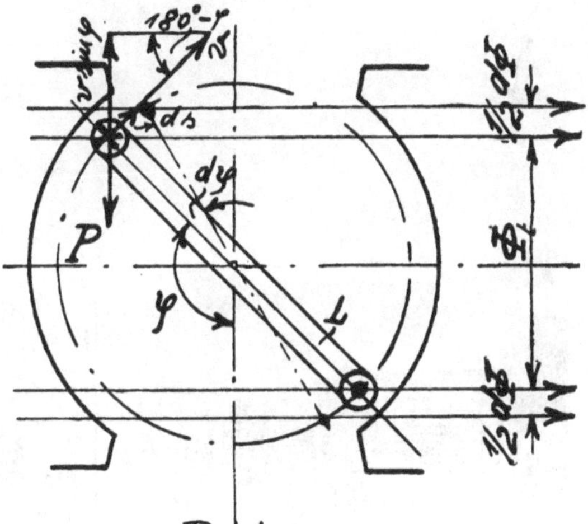

Bild 5.

Unter welchen Bedingungen entsteht überhaupt ein Lichtbogen? Die Strom-Spannungs-charkteristik, Abb. 4, gibt hierüber näheren Aufschluß Steigt die Spannung von *O* bis *A*, so ist eine meßbare Entladung nicht zu verzeichnen. Bei weiterer Spannungserhöhung bis *B* tritt eine sehr geringe stille, lichtlose Entladung ein. Erhöhung der Spannung und des Stromes über *B* hinaus hat zunächst eine sogenannte Glimmentladung und alsbald eine Funkenbildung zur Folge. Der Wärmeinhalt des elektrischen Funkens bewirkt auf seinem Wege eine verhältnismäßig beträchtliche Erwärmung der Luftschichten zwischen den Elektroden. Der Leitungswiderstand der Luft sinkt bei Erwärmung, d. h., eine geringe Spannung ermöglicht nunmehr bei gesteigertem Strom eine Überbrückung der Luftsäule. Der Entladungszustand von B bis C ist unstabil bei fallender Spannung. Über C nach D hinaus tritt der Lichtbogen ein, wobei die Charakteristik noch fällt. Kann die Stromquelle die nötige Energie aufbringen und erhalten, so geht die Funkenentladung in einen dauernden Lichtbogen über (Bogenlampen). Andernfalls erlischt der Funke sofort und setzt erst nach erfolgtem Ansteigen der Spannung wieder ein. Es galt also zuerst

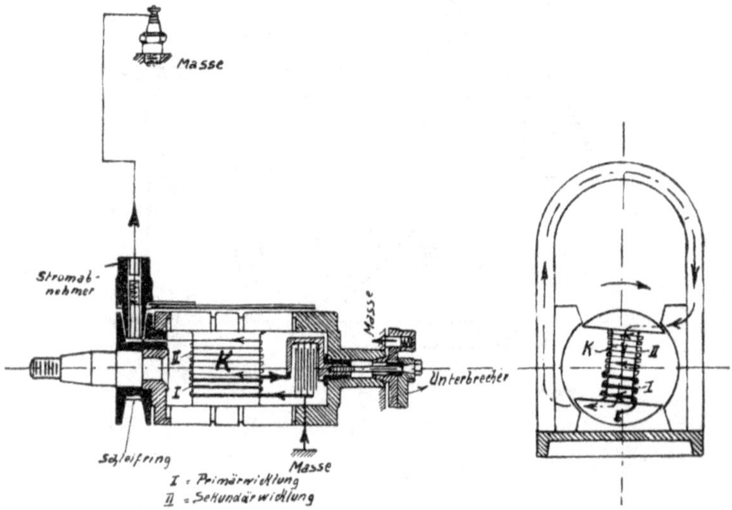

Bild 6.

die Wärmeenergie des Hochspannungsfunkens zur Herabsetzung des Widerstandes zu verwerten und auf der so geschlagenen Brücke niedrig gespannten Strom zur Lichtbogenbildung heranzuziehen. An Abb. 5 seien die Grundgesetze der Induktion im Magnetfeld veranschaulicht. Die Drahtspule L möge sich in dem homogenen Kraftfluß Φ im Uhrzeigersinn mit der gleichförmigen Umfangsgeschwindigkeit v drehen. Der Leiter L schneide den Kraftfluß Φ — senkrecht zur Bildebene gemessen — in der Länge l (in cm). Die magnetische Induktion sei B

$\left(\frac{\text{Kraftlinien}}{\text{cm}^2}\right)$. Dann ist

$$Ek_i = \frac{B \cdot l \cdot v \sin \varphi}{10^8} \text{(Volt} \quad . \quad . \quad . \quad (1)$$

Hieraus ersieht man, daß die induzierte Spannung den Größtwert erreicht, wenn $\sin \varphi = 1$, d. h. $\sphericalangle \varphi = 90^0$ ist. Die Spule liegt dann wagrecht und die Kraftlinienschnittgeschwindigkeit ist gleich der Umfangsgeschwindigkeit. Soll eine resultierende Ek_i in der Spule auftreten, dann muß diese so bewegt werden, daß der von ihr umfaßte Kraftfluß sich ändert, wie in Abb. 5. Für beide Leiter der gezeichneten Windung ist zusammen

$$Ek = 2\, Ek_i \text{ (Volt} \quad . \quad . \quad . \quad . \quad . \quad . \quad (2)$$

Ersetzt man in Gl. 1 v durch $\frac{d\,s}{d\,t}$, so bedeutet $B\,l\,ds \sin \varphi$ nach Abb. 5 den Betrag an Kraftlinien, der nach Drehung um ds auf jeder Seite mehr gefaßt wird. Hieraus folgt:

$$2\,B\,l\,ds \sin \varphi = d\Phi \quad . \quad . \quad . \quad . \quad . \quad . \quad (3)$$

und für z Windungen

$$Ek_t = -\frac{z\,d\,\Phi}{10^8\,d\,t} \text{ Volt} \quad . \quad . \quad . \quad . \quad . \quad (4)$$

wobei Ek_t so gerichtet ist, daß das Feld ihres Stromes der angestrebten Änderung entgegenarbeitet. Daher das — Zeichen in Gl. 4.

Gl. 4 besagt also, daß die induzierte Spannung mit der Windungszahl und der Änderungsgeschwindigkeit des Kraftflusses Φ wächst.

Abb. 6. zeigt schematisch einen I-Anker eines Zündapparates. Auf dem Kern K sind beispielsweise 160—180 Windungen mit 0,7 mm isoliertem Kupferdraht, wobei der Wicklungsanfang einesteils mit der Masse, andernteils mit der einen Seite eines Kondensatorbelags verbunden ist. Das Wicklungsende führt über den andern Teil des Kondensatorbelags zum Unterbrecher und von dort zur Masse. Nennen wir diese Wicklung „primär“. Mit dem Ende dieser Primärwicklung ist der Anfang einer sogenannten „sekundären“ Wicklung verbunden, die z. B. 9500—10 000 Windungen mit 0,13 mm isoliertem Kupferdraht haben möge; das Ende dieser Sekundärwicklung führt zum Schleifring und wird von dort mittels eines Stromabnehmers und Kabels mit der Zündkerze leitend verbunden (bei einem 1-Zylinder-Apparat). Wird nun der so bewickelte Anker im Magnetfeld gedreht, so wird in der Primärwicklung bei ihrem geringen Leitungswiderstand ein verhältnismäßig starker Kurzschlußstrom entstehen, der den Eisenkern des Ankers selbst zum Magneten macht; dieser wirkt dem Feld des Stahlmagneten entgegen. Die Hauptfeldlinien werden also durch den Kurzschlußstrom zurückgedrängt.

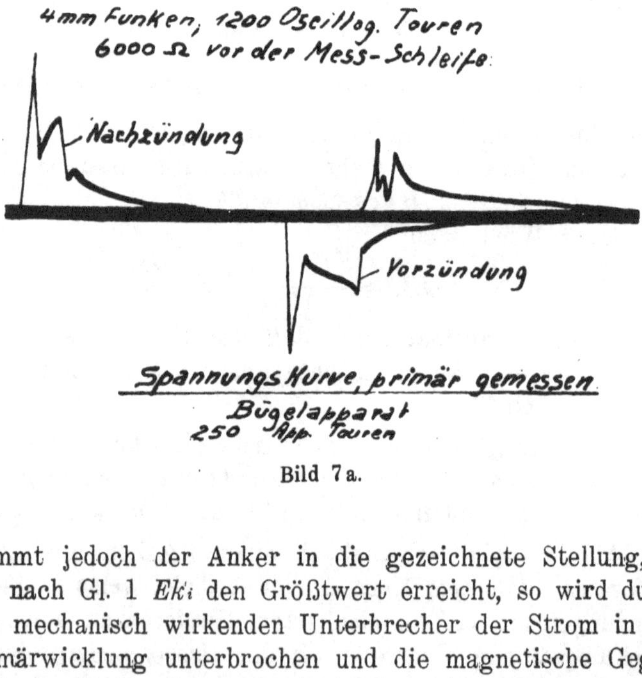

Bild 7a.

Kommt jedoch der Anker in die gezeichnete Stellung, in der nach Gl. 1 E_{ki} den Größtwert erreicht, so wird durch den mechanisch wirkenden Unterbrecher der Strom in der Primärwicklung unterbrochen und die magnetische Gegenwirkung hört sofort auf. Im selben Augenblick drängen plötzlich die gesamten Kraftlinien des Hauptfeldes von oben nach unten durch den Ankerkern. All dies geschieht innerhalb sehr kurzer Zeit. Alle Windungen der Ankerwicklung sind durch diesen kräftigen Induktionsstoß einer sehr heftigen Änderung des Kraftflusses ausgesetzt und hierdurch wird eine Spannung induziert, die zur Überbrückung der Luftstrecke zwischen den Zündkerzenelektroden und zur Einleitung des Lichtbogens genügt.

Während jedoch diese Induktionsvorgänge auftreten,

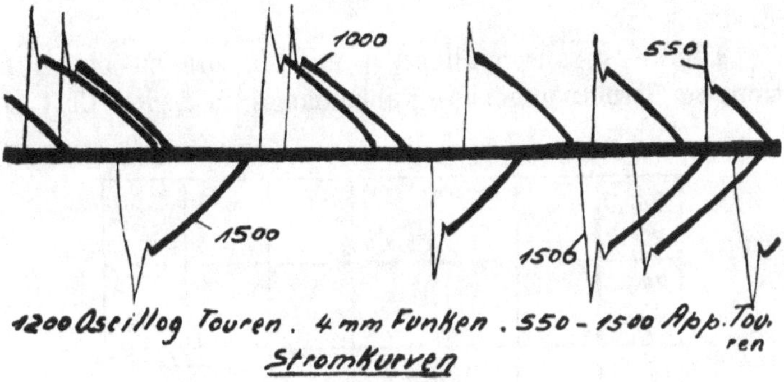

Bild 7b.

eilt der Anker in seiner Drehrichtung weiter und liefert dadurch den zur Bildung des Lichtbogens nötigen nieder-

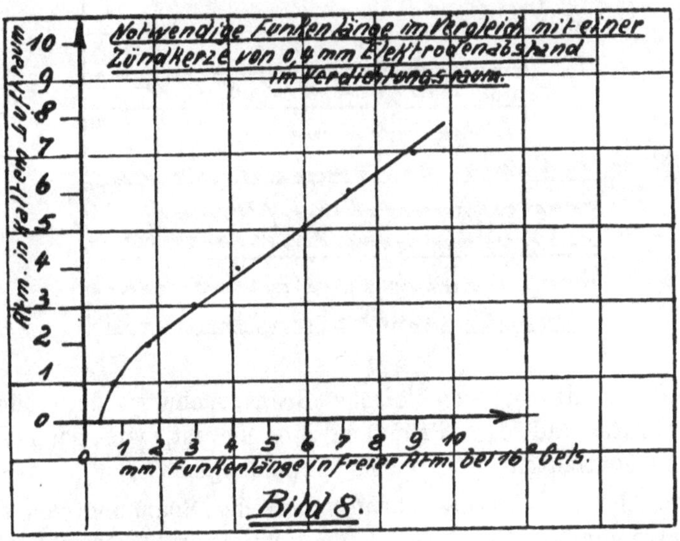

gespannten Strom. *In der Ankerwicklung wird also nebeneinander hoch- und niedergespannter Strom erzeugt.*

Abb. 7 a zeigt eine mit dem Oszillograph aufgenommene Spannungs- bzw. 7 b Stromkurve als Funktion der Zeit. Die zur Durchschlagung einer bestimmten Luftstrecke nötige Spannung nimmt etwas stärker als proportional mit dem Luftdruck zu.

Abb. 8 veranschaulicht, wie groß die zu einem bestimmten Druck gehörige Funkenlänge in freier Luft sein

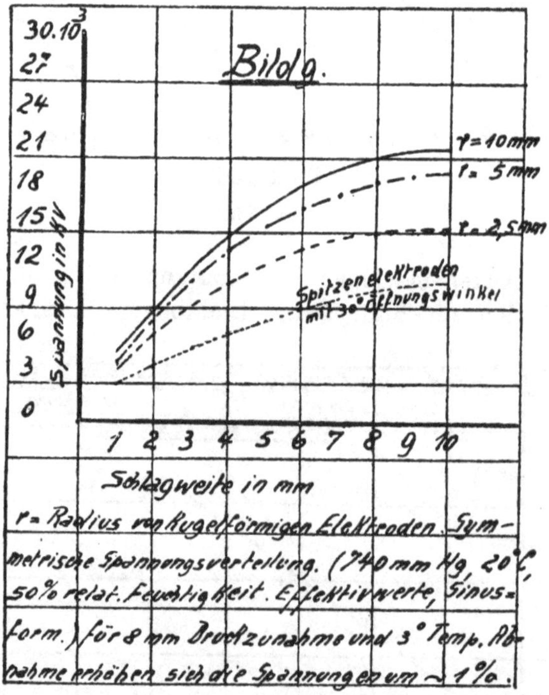

muß, damit die elektrische Beanspruchung des Zündapparates auf dem Prüfstand dieselbe ist, wie beim Zusammenarbeiten mit einem Verpuffungsmotor.

Abb. 9 zeigt die Abhängigkeit der Spannung von der Funkenlänge. Bei 5 Atm. Verdichtung z. B. ergibt sich eine Funkenlänge in freier Luft von 6 mm. Dies entspricht einer Spannung von ungefähr 9000 Volt bei Spitzenelektroden.

Das entzündete Brennstoffluftgemisch erfordert bis zu seiner vollständigen Entflammung eine, wenn auch kleine Zeit. Der Verbrennungsvorgang kommt im gewöhnlichen Indikatordiagramm, Abb. 1, nicht deutlich zum Ausdruck, da die Indikatortrommel im Hubwechsel fast keine Geschwindigkeit hat. Ein besseres Bild erhält man, wenn man die Verpuffung in die Mitte des Diagramms verlegt, so daß dieser Vorgang bei größter Kolbengeschwindigkeit aufgezeichnet wird. Man versetzt die Indikatorkurbel um 90° gegen die Motorkurbel und man erhält dann Abb. 10.

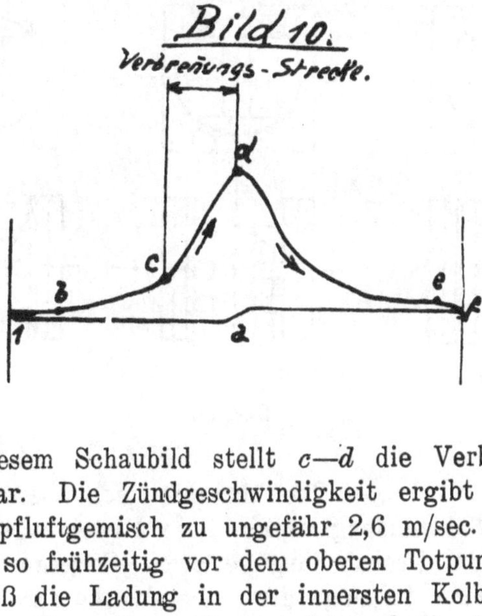

In diesem Schaubild stellt *c—d* die Verbrennungsstrecke dar. Die Zündgeschwindigkeit ergibt sich für Benzindampfluftgemisch zu ungefähr 2,6 m/sec. Die Zündung hat so frühzeitig vor dem oberen Totpunkt zu erfolgen, daß die Ladung in der innersten Kolbenstellung möglichst vollkommen entflammt ist und die Ausdehnung der Verbrennungsgase in einem Vollhub ausgenützt werden kann (Frühzündung). Andererseits bedingt das Ingangsetzen mittlerer und schwerer Motore wegen des möglichen Rückschlages eine Zündung im oberen Totpunkt (Spätzündung). Der Zündapparat muß also in bezug auf den Zündzeitpunkt verstellbar sein. Erfolgt Frühzündung in der Stellung der Abb. 6, so darf bei Spätzündung der Unterbrecher erst dann öffnen, wenn sich der Anker um den gewünschten Grad der Spätzündung in der Umlaufrichtung gedreht hat. In dieser Stellung ist jedoch die Änderungsgeschwindigkeit des Kraftflusses nicht mehr so stark, was einer Verminderung der Zündleistung und damit ein schweres Anwerfen der Motore zur Folge hat. Bosch trug diesem Übel dadurch Rechnung, daß er sogenannte überlappte Polschuhe benützt. Andere Firmen zahnen die Polschuhkante, oder legen die obere Kante schräg. Siehe Abb. 11.

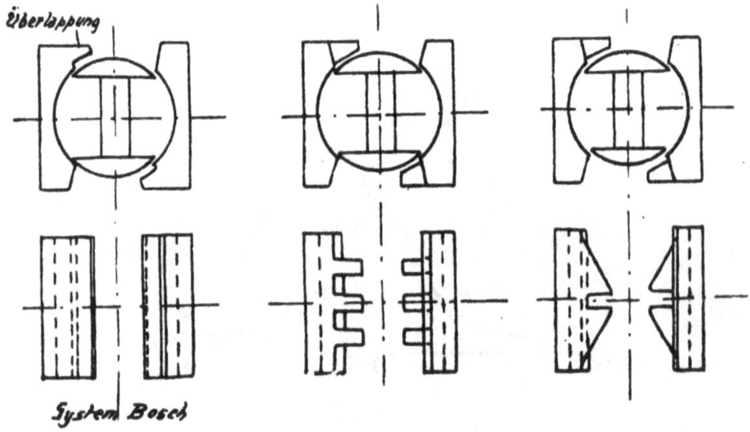

Bild 11.

Ganz wird das Übel dadurch nicht beseitigt, denn was der Spätzündung durch diese Mittel zugute kommt, das geht der Frühzündung verloren. Hingegen stellt eine ideale Lösung diejenige der „Mea“-Werke dar. Die Lichtbogenzündung dieser Firma (Abb. 12a) unterscheidet sich von anderen Systemen in erster Linie durch ihr eigenartiges, glockenförmig gestaltetes Magnetfeld. Außerdem ist der Glockenmagnet nicht fest mit dem Apparateganzen zusammengebaut, wie die U-förmigen Bügelmagnete, sondern er ist im Gehäuse drehbar gelagert. Schwenkt man das Magnetfeld im Ankerdrehsinn, so ergibt sich Spätzündung, im entgegengesetzten Drehsinn erfolgt Frühzündung. Hierbei dreht sich das Nockengehäuse mit und die „Abriß“-Stellung des Ankers gegenüber den Polschuhen bleibt so stets die gleiche. Dadurch wird die Maximalzündleistung des Apparates von Früh- bis Spätzündung erreicht, was ein sehr leichtes Anwerfen selbst schwerster Personenwagen- und Lastwagenmotore, ohne jegliche Hilfsapparate zur Folge hat.

Bild 12a.

Die Abb. 12 veranschaulicht das schwenkbare, glockenförmige Magnetfeld. Das eben Gesagte wird durch Abb. 13 erhärtet. Vergleichsweise ist die „Mea“-Lichtbogenzündung, Type FC 4 und die „Bosch“-Lichtbogenzündung, Type Z 4

Bild 12.

gewählt, wobei die Zündmomentverstellung als Funktion der Drehzahl aufgetragen ist. Die Abbildung zeigt, daß die „Bosch“-Type bei 0° erst bei 120 minutlichen Umdrehungen einen Funken von 6 mm Länge gibt, während die „Mea“-Type von 0° bis 45° die gleiche Leistung schon bei 90 minutlichen Umläufen erzeugt. Die „Bosch“-Type hat 35° Verstellung.

Weiter oben wurde der Satz ausgesprochen, daß die Lichtbogenzündung einen heißen, von einem Lichtbogen begleiteten, *nicht allzu kurzzeitigen* Funken er-

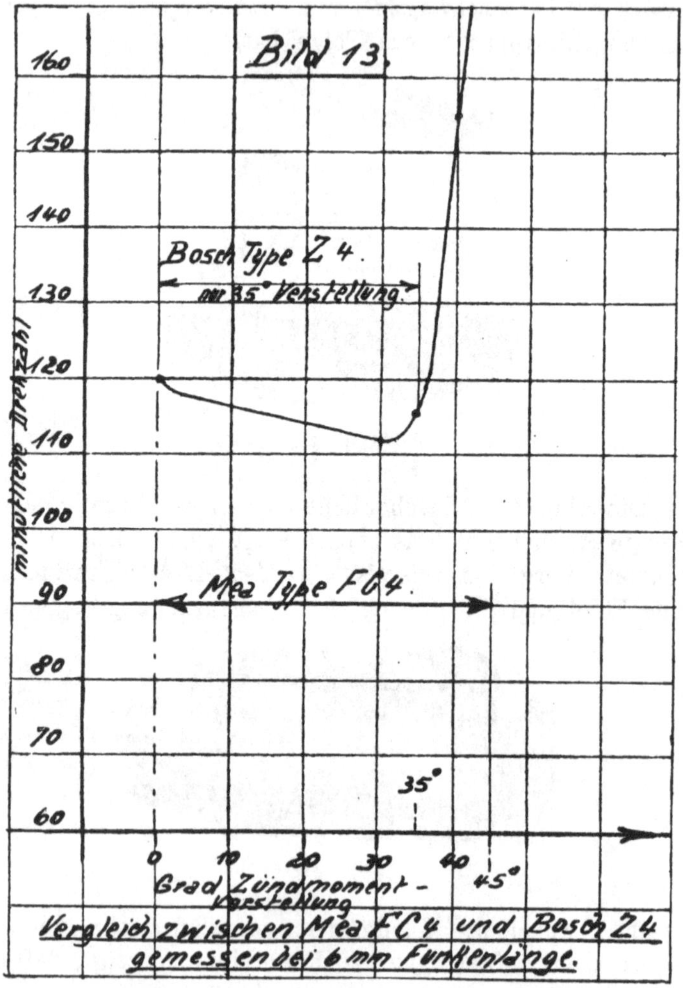

Vergleich zwischen Mea FC4 und Bosch Z4 gemessen bei 6 mm Funkenlänge.

zeugt. Die Konstruktionsmerkmale der heutigen Automobil- und Fahrradmotore sind: kleinstmögliche Abmessungen, größte Leistung bei gegebenem Zylindervolumen, *hohe Drehzahl*. Motore mit 3000—4000 minutlichen Umdrehungen sind keine Seltenheit. Vereinzelt kommen heute sogar 6000 minutliche Motorumdrehungen vor. Es soll hier nicht untersucht werden, inwieweit die Dauerhaftigkeit von der Leistungsausbeute beeinträchtigt wird. Der Zündapparatkonstrukteur hat sich jedenfalls mit den hohen Drehzahlen zu befassen. Bei 6000 minutlichen Umdrehungen eines vierzylindrigen Viertaktmotors sind in der Minute 12000 Funken nötig, also sekundlich 200 Zündungen. Mithin beträgt die Dauer zwischen zwei aufeinander folgenden Zündungen $^1/_{200}$ Sekunde. Aus diesen Zahlen ist schon ersichtlich, daß ein zu lang anhaltender Lichtbogen bei den kurzen Zeiten nachteilig wirkt. Die Verteilung des Stromes auf die einzelnen Zylinder wäre schwer, wenn nicht gar unmöglich. Es könnte vorkommen, daß der vorhergehende, zu lang anhaltende Lichtbogen durch magnetische Verzögerung den nächsten Funken so beeinflußt, daß er sich zur falschen Zeit bildet und evtl. Aussetzer veranlaßt. Man war daher gezwungen, die durch den niedergespannten Strom verursachte Lichtbogenwirkung herabzusetzen und entsprechend lange stromlose Perioden einzuführen. Dem dann noch vorhandenen Lichtbogen muß alsdann eine möglichst große Energie gegeben werden.

Beispielsweise sucht eine bekannte, Bügelapparate erzeugende Firma, diese Wirkung dadurch zu erzielen, daß sie ungefähr zehn Prozent der Sekundärwindungen mit Nickelindraht ausführt, um den Lichtbogenstrom durch Ohmsche Gegenwirkung zu drosseln. Hierbei wird jedoch die in den Nickelinwindungen abgedrosselte Energie in Stromwärme umgeformt, was zu einer erhöhten Erwärmung der Wicklung führt.

Die größten Leistungsansprüche werden an den Zündapparat gestellt, wenn bei Spätzündung und der beim Anwerfen des Motors verhältnismäßig geringen Drehzahl ein zündfähiger Funke erzeugt werden soll. Dementsprechend müssen die Bügelmagnete verhältnismäßig kräftig gewählt werden, um die Kraftlinienstreuungen bei überlappten Polschuhen usw. zu decken. Bei hoher Drehzahl ergibt sich dabei ein Leistungsüberschuß, dem durch einen entsprechend größeren Drahtdurchmesser der Sekundärwicklung Rechnung zu tragen ist, um zu hohe Erwärmung zu vermeiden. Dies wirkt naturgemäß der angestrebten Lichtbogenbeschränkung entgegen.

Beim „Mea"-Zündapparat ergibt sich durch das schwengbare Magnetfeld und die stets günstige „Abriß"-Stellung des Ankers immer eine Maximalleistung, und Streuungsverluste des Kraftflusses werden in sehr engen Grenzen gehalten.

Der Konstrukteur kann sich deshalb beim Glockenmagnet eine Gewichts- und damit eine Kraftflußbeschränkung erlauben, um so mehr, als die geschlossene Glockenform eine gute Haltbarkeit des Magnetismus bewirkt. Durch geeignete Wahl des Verhältnisses der Primär- zur Sekundärwicklung sowie durch geeigneten Drahtdurchmesser der letzteren Wicklung und durch geeignete Nockenbemessung wird die Lichtbogenwirkung herabgesetzt, ohne den Nachteil großer Erwärmung der Wicklung mit in Kauf nehmen zu müssen. Bei dieser Anordnung läßt sich ferner eine Verminderung des Sekundärdrahtdurchmessers erreichen.

Abb. 14 zeigt Stromkurven, wie sie mit dem Oszillographen als Vergleich zwischen Mea und einem Apparat der bekannten Bügel-Magnetsysteme erzielt werden. Die von den Linienzügen und Teilen des Ordinatensystems eingeschlossenen Flächen stellen die Strommengen in Coulomb dar. Vergleicht man z. B. Diagramm I $n = 500$ von Mea mit dem Diagramm des betreffenden Bügelmagneten, so sieht man, daß Mea während der Zeit t eine Fläche erzielt von der Größe:

$$F_M = B + C$$

gegenüber

$F = C + D$; man erkennt ferner, daß

$F_M > F$, d. h. Mea gelingt es in einer bestimmten Zeit t mehr Strom dem Lichtbogen zuzuführen, ihn also innerhalb kurzer Zeit intensiver zu gestalten. Des weiteren zeigt das Bild, daß jener Bügelapparat über das Zeitmaß t hinaus den Lichtbogen durch Stromzufuhr unterhält. Dies hat jedoch für die Verbrennung des

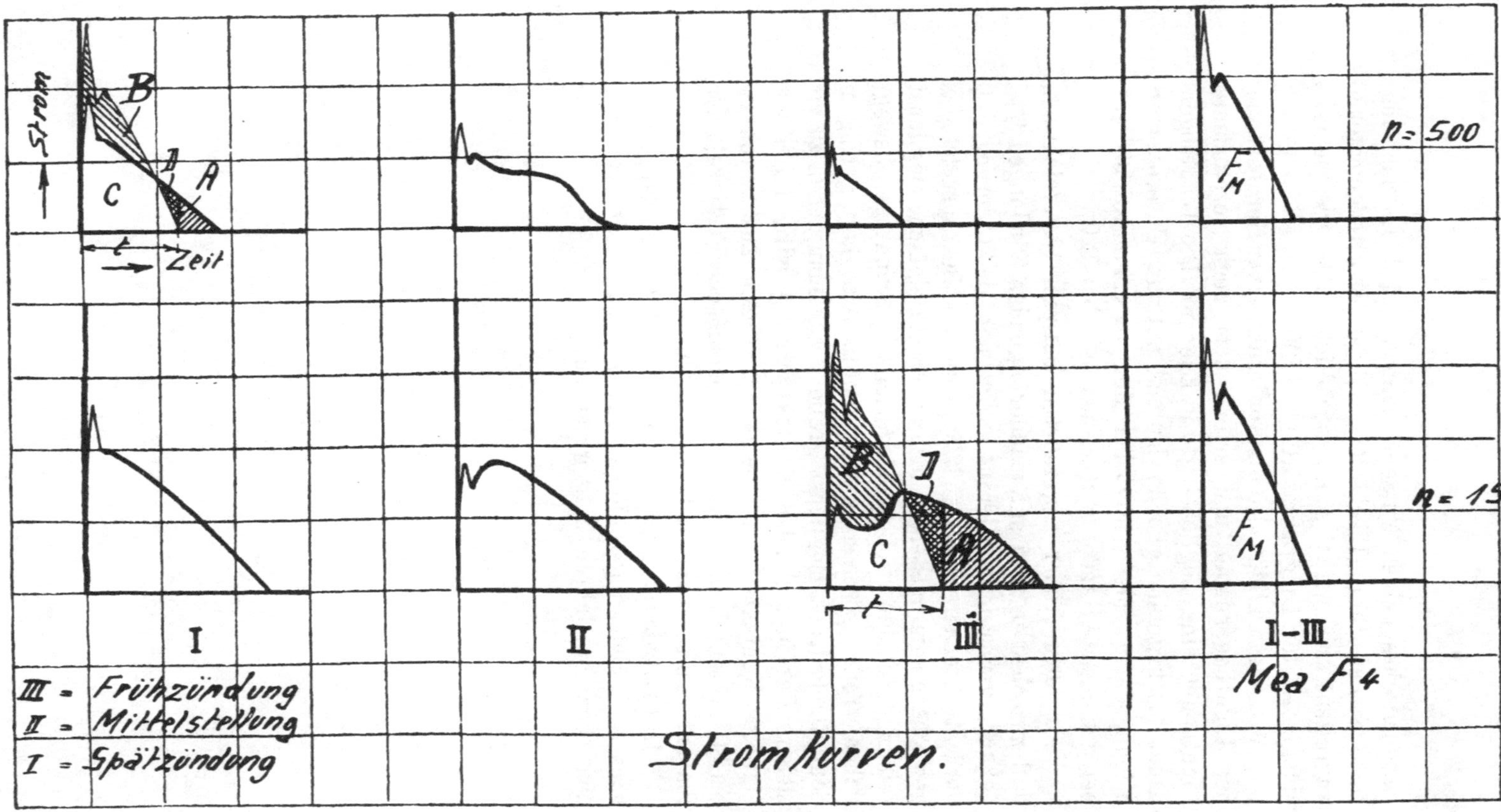

Strom
B
A
C
t
Zeit
n = 500
n = 1500
F_M
I
II
III
I–III
Mea F 4
III = Frühzündung
II = Mittelstellung
I = Spätzündung
Stromkurven.

Bild 14.

Gasgemisches keinen Nutzen, vielmehr wird die nachträgliche Stromzufuhr (Fläche $D + A$) das Elektrodenmaterial angreifen und wirkt somit schädlich. Das gleiche gilt sinngemäß für Diagramm III $n = 1500$.

Mea verwirklicht also die Forderung einer Herabsetzung der Lichtbogendauer und erteilt dem noch vorhandenen Lichtbogen eine möglichst große Energie. Die Lichtbogendauer ist ungefähr gleichbedeutend mit der Unterbrecheröffnungsdauer. Sie beträgt bei Mea ungefähr 40° bis 45°, bei den meisten anderen Systemen 80° bis 120°.

Aus dem früher angeführten Beispiel ist ersichtlich, daß zwischen je zwei aufeinanderfolgenden Zündungen $^1/_{200}$ Sekunde verstreicht. Hieraus ergibt sich die Forderung, daß die Unterbrecher widerstandsfähig und den Beanspruchungen gewachsen sein müssen, jedoch sollen sie einfach, möglichst reibungsfrei sein, wobei auf geringes Gewicht der beweglichen Teile gesehen werden muß, um bei geringem Schließungsdruck möglichst große Beschleunigungen zu erzielen. Der hämmernden Kontaktwirkung wird durch geeignetes Kontaktmaterial begegnet. Durch Zusatz von 20 bis 30 Prozent Iridium wird die mechanische Festigkeit der Platinkontakte wesentlich gesteigert.

Die Entwicklung ist auf dem Gebiet des Zündapparatebaus noch nicht abgeschlossen und man kann mit Spannung den nächsten Jahren entgegensehen.

II.

Zündungsstörungen an Verpuffungsmotoren.

Erfahrungsgemäß zählen Störungen an der Zündung zu den unangenehmsten. Die nachstehenden Ausführungen zeigen, daß nicht jede Zündungsbeanstandung unmittelbar auftritt, sondern daß in vielen Fällen durch mittelbare Einwirkungen die Ursache zu tiefgreifenden Störungserscheinungen gegeben ist. Störungen an Zwei-Funkenzündungen und Doppelzündungen, ferner solche an Zündungssystemen mit Handanlaßmagnet nebst zwei Betriebsmagnetapparaten, sowie reinen Batteriezündungen und Kombinationen derselben mit vorstehenden Zündungsarten sind Spezialfälle und sollen deshalb nicht besprochen werden.

I. Zündapparat.

Zunächst sei an Hand der Abb. 15 die Wirkungsweise und der Stromverlauf eines normalen Vier-Zylinder-Zündapparates kurz beschrieben[1]).

Die auf den Eisenkern des lamellierten Doppel-T-Ankers *a* angebrachte Wicklung *b* entspricht derjenigen eines Autotransformators. Sie besteht aus zwei Teilen, einem primären aus wenigen dickdrähtigen Windungen, deren Anfang direkt am Ankereisen, d. h. an „Masse" liegt, und deren Ende durch die Unterbrechungsbefestigungsschraube über den in Reihe geschalteten Unterbrecher *g* zur Masse zurückführt. Der zweite Teil ist der viele dünndrähtige Windungen besitzende sekundäre Teil, dessen Anfang mit dem Ende der Primärwicklung verlötet ist, während das Ende zum Schleifring *c* führt. Durch Drehung des Doppel-

[1]) Der „Motorwagen", Jahrgang XXV, Heft XIX/XX.

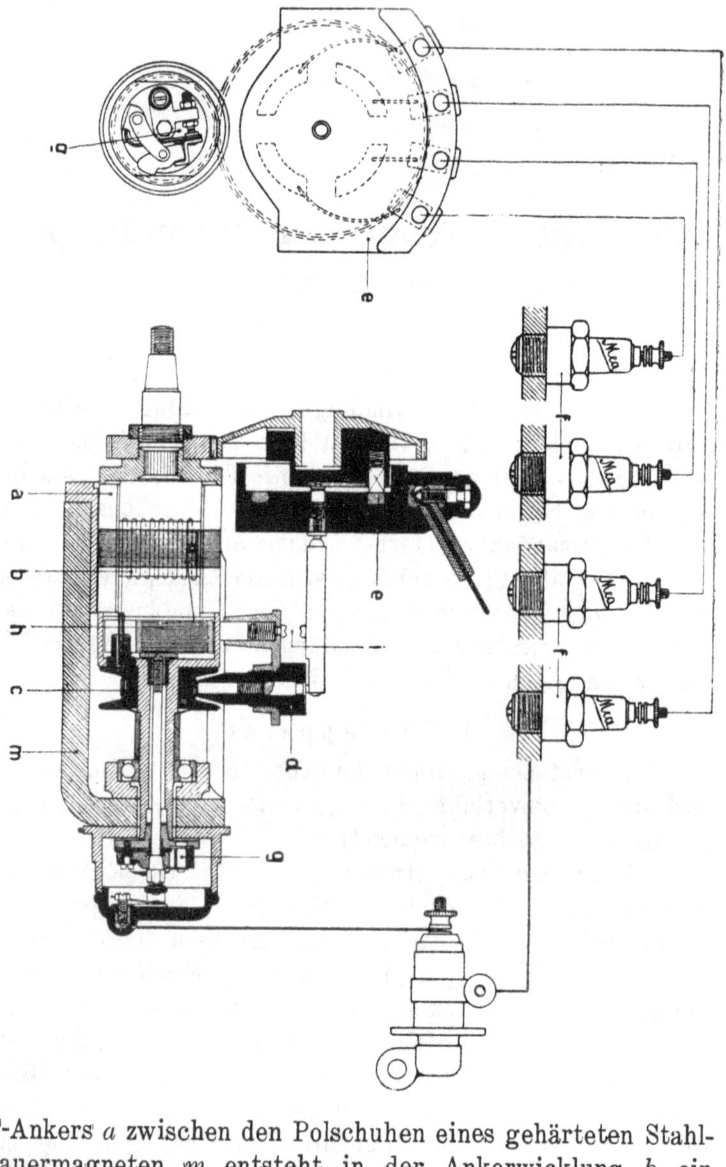

Abb. 15.

T-Ankers a zwischen den Polschuhen eines gehärteten Stahldauermagneten m entsteht in der Ankerwicklung b ein Wechselstrom spitzer Kurvenform. Öffnet man den durch den Unterbrecher g zunächst geschlossenen Primärstromkreis im geeigneten Augenblick, so wird durch diesen mechanischen Vorgang die Spannung des durch die Ankerdrehung induzierten Stromes sehr stark erhöht, wobei der zum Unterbrecher parallel geschaltete Kondensator *h* die Funkenbildung zwischen den Kontakten zu beseitigen hat. Der hochgespannte Strom wird vom Schleifring *c* über den Stromabnehmer *d* zum Verteiler *e* geleitet, der ihn in der richtigen Reihenfolge auf die Zündkerzen *f* verteilt. Die Rückleitung des Stromes geschieht durch die Metallteile des Motors und des Apparates, so daß auch der sekundäre Stromkreis bis auf die Elektroden der Zündkerzen geschlossen ist, an denen der Strom als Lichtbogen überspringt.

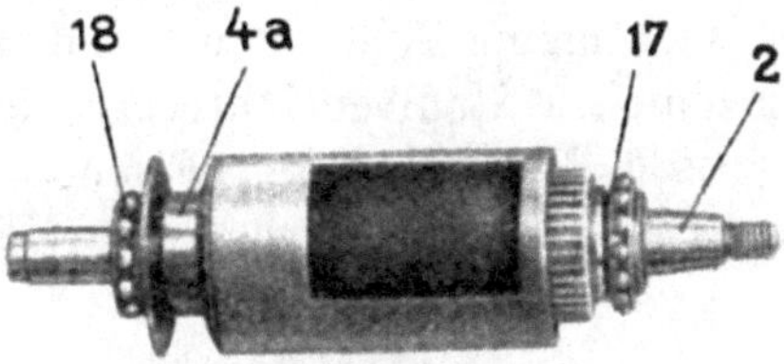

Abb. 16.

Die Seele des Apparates ist die A r m a t u r, d. h. Anker mit Kondensator, Schleifring und den beiden Kugellagern (Abb. 16).

Die Potentialdifferenz der äußersten Wicklungslagen des Ankers gegen Masse beträgt je nach den Verhältnissen ungefähr 9—15 000 Volt. Erhöht sich der Leitungswiderstand im Sekundärstromkreis beispielsweise durch Kabelunterbrechung oder durch Vergrößerung des Abstandes der Zündkerzenelektroden, so wird bei entsprechender Drehzahl nach Umständen die Isolation durch Spannungserhöhung gefährdet sein. Die S i c h e r h e i t s f u n k e n s t r e c k e *i* (Abb. 15) sorgt für Spannungsausgleich und schützt die Wicklung nebst den Isolationen. Abb. 17 veranschaulicht einen Wicklungsdurchbrand, wobei die Sicherheitsfunkenstrecke durch Verbiegung infolge unsachgemäßen Eingriffs zu groß war und eine Kerze zu großen Elektrodenabstand hatte.

Der Kondensator ist als Plattenkondensator ausgebildet. Er ist bei etwaigem Auseinandernehmen des Apparates gegen Feuchtigkeit sowie gegen große Wärme zu schützen.

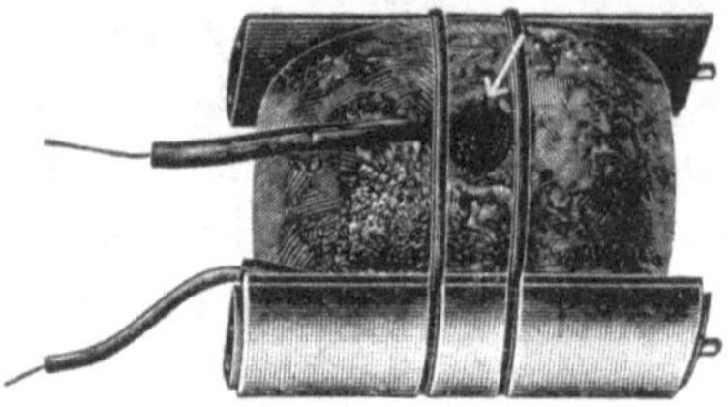

Abb. 17.

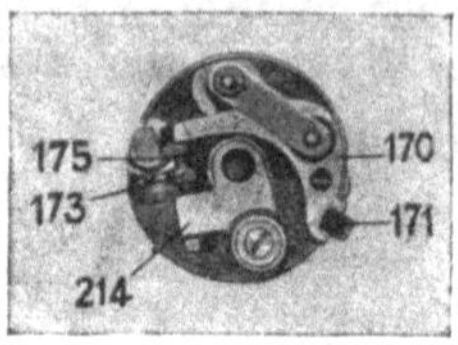

Abb. 18.

Einer der wichtigsten Teile ist der Unterbrecher. Den allgemein üblichen Stahlhebelunterbrecher veranschaulicht Abb. 18 (Bosch, Mea, Eisemann, Fischer, Marelli usw), während Abb. 19 einen Federunterbrecher (Mea) zeigt. Da-

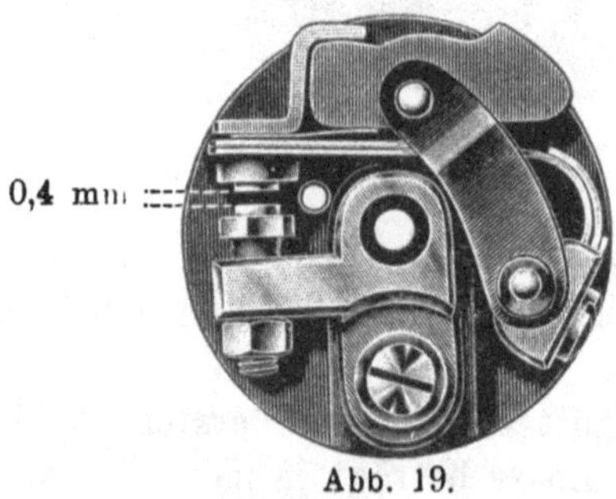

Abb. 19.

mit ein Zündapparat gut funktioniert, muß vor allem der Unterbrecher zu den Polschuhen, sowie zum Anker richtig eingestellt sein. Zur näheren Erläuterung mögen Abb. 20 und 21 dienen.

Die beste Wirkung wird z. B. beim Mea-Apparat dann erzielt, wenn der Unterbrecher in dem Augenblick zu öffnen beginnt, wenn die ablaufende Kante des Ankers vom Polschuh ungefähr 1,5 mm entfernt ist. Als äußerliches Merkmal dieses Zustandes dient der Abstand der Kontakte, der

0,4 mm bei vollgeöffnetem Unterbrecher betragen muß. (Abb. 19.) Der Glockenmagnet mit Verstellung des Zündzeitpunktes verhält sich bei dem eben geschilderten Zusammenwirken von Anker, Unterbrecher und Feldfluß wie

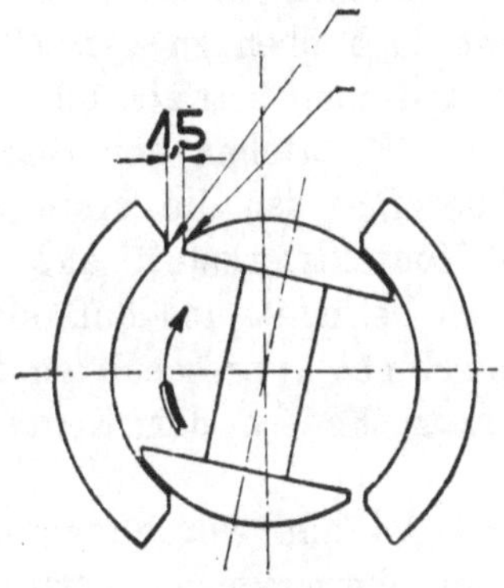

Abb. 20.

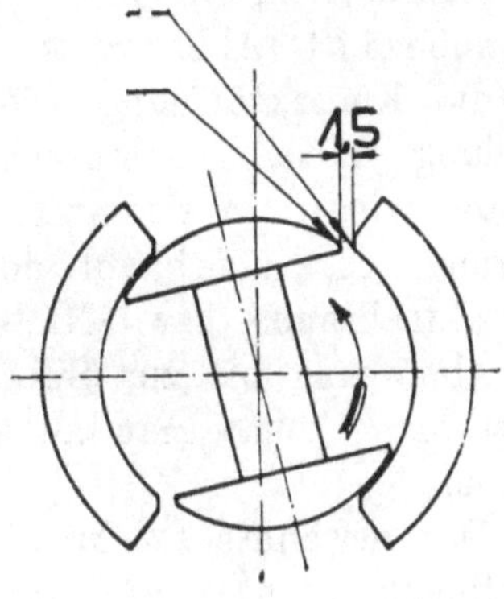

Abb. 21.

ein Bügelmagnet ohne Verstellmöglichkeit des Zündzeitpunktes. Denn infolge des schwenkbaren Glockenmagnetfeldes (Abb. 22), bei dem die Ablenknocken für den Unterbrecher synchron um den Verstellbereich mitgeschwenkt werden, bleibt der „Abriß" relativ zu den Polschuhen stets

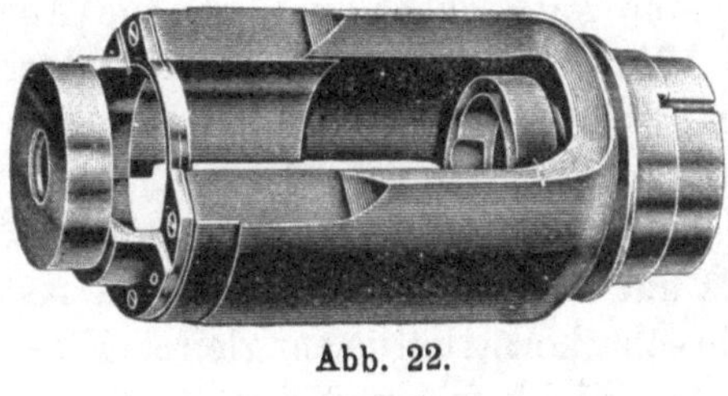

Abb. 22.

derselbe; mithin ist auch die Zündwirkung von Früh- bis Spätzündung bei diesem System stets dieselbe, was das Anwerfen selbst großer Motore bei voller Spätzündung ohne Hilfsapparate sehr erleichtert.

Bei Bügelmagneten ohne Verstellung, sowie bei Glockenmagneten verändert sich jedoch der beschriebene Abriß und wird kleiner als 1,5 mm und schließlich negativ, sobald die Kontakte bei sehr langer Betriebsdauer sich stark abgenützt haben. Man erkennt dies daran, daß sich der Motor gegenüber früher unter sonst gleichen Umständen schwerer andrehen läßt und unregelmäßig arbeitet. Es ist nur erforderlich, die Gegenmutter zu lösen und die Kontaktschraube 173 (Abb. 18) so weit nach oben zu verstellen, bis die Kontaktöffnung wieder 0,4 mm beträgt und die Zündung ist nach entsprechendem Festziehen der Gegenmutter wieder in Ordnung. Allerdings ist die erste Bedingung, daß überhaupt noch Kontaktwerkstoff auf der Kontaktschraube, bzw. -Niete sich befindet, und daß nicht die Abnützung bis zur Silberlotschicht vorgeschritten ist. Letzteres erkennt man an starkem Feuern der Kontaktstellen.

Das erwähnte Stichmaß von 0,4 mm wurde von den Erstlingskonstruktionen allgemein übernommen. Versuche mit ungenutetem Unterbrecher ergaben, daß ein Apparat bei 0,1 mm oder bei 1 mm Kontaktöffnung — sofern der Ankerabriß stimmt — noch ebenso einwandfrei läuft, als bei 0,4 mm. Jedoch wächst die Stoßwirkung auf den Unterbrecherhebel sowie die Schließgeschwindigkeit mit zunehmendem Kontakthub und die Schließzeit sowie die Kontaktbeanspruchung sind weniger günstig. Bei zu kleinem Öffnungshub kann schon eine geringe Abnützung des Fiberklotzes 171 (Abb. 18) die sichere Unterbrechung in Frage stellen. Ein Mittelweg von 0,4 mm erscheint sonach als richtig.

Sehr wichtig ist die leichte Beweglichkeit des Unterbrecherhebels auf seinem Lagerzapfen. Bei fast allen heutigen Unterbrecherkonstruktionen gleitet Fiber auf Stahl, weil der Zapfen nicht während des Betriebes geschmiert werden kann. In den Stahlhebel 170 (Abb. 18) ist deshalb eine Fiberbüchse eingezogen, während bei Abb. 19 der Hebel selbst aus gut präpariertem Vulkanfiber besteht. Bei großer Feuchtigkeit kann es bei neuen Apparaten vorkommen, daß das Fiber aufquillt, so daß eine Bewegungshemmung eintritt und der Unterbrecher träge oder gar nicht mehr schließt. Aussetzer sind die Folge. Aufreiben der Bohrung mittels Spezialreibahle hilft dauernd dem Übel ab. Allerdings darf nun nicht in das andere Extrem gegangen werden, nämlich die Bohrung so weit zu vergrößern, daß der Hebel auf seinem Lager Luft hat. Denn auch dies führt zu Aussetzern und unruhigem Gang. Sobald der Unterbrecher auseinandergenommen wird, ist peinlichst darauf zu achten, daß alle Federn an ihrem Platz wieder einmontiert werden und daß die Zusatzfedern nicht vergessen werden. Bei den Unterbrechern (Abb. 18) ist ferner über dem Hebel in der Hubrichtung eine Schraubenrückstoßfeder angebracht, um den Hub zu begrenzen. Vergißt man eine dieser Federn, so wächst die Öffnungsdauer, der Anker kann sein eigenes Feld nicht aufbauen und Aussetzer sind die Folge. Federbruch oder Federerlahmung haben gleiches zur Folge. Besonders ist zu beachten, daß die Kontakte stets von Öl freizuhalten sind, weil erstens der Übergangswiderstand steigt und zweitens die Kontakte verbrennen, was beides den Wirkungsgrad des Zündapparates vermindert. Beim Reinigen der Kontakte dürfen Papier- und Leinwandfasern nicht zurückbleiben. Auch darf nicht der Unterbrecher in Benzin getaucht werden, weil sonst das hauchdünn auf den Unterbrecherzapfen aufgetragene Vaselinefett aufgelöst und zu starke Reibung erzeugt wird. Endlich ist beim Einsetzen des Unterbrechers der Mitnehmerkeil in die hierfür vorgesehene Keilnute einzuführen und die Befestigungsschraube gut anzuziehen.

Bei Entwurf und Herstellung eines Verbrennungsmotors können infolge Mißachtung der Betriebsbedingungen des Zündapparates Fehlerquellen mittelbar entstehen. Es ist z. B. tunlichst anzustreben, den Antrieb des Apparates möglichst direkt und ohne Zwischenglieder wie Nockenwelle, Ölpumpenwelle, Wasserpumpenwelle usw. von der Kurbelwelle mit elastischer Kupplung abzunehmen, denn mit jedem Zahnrad oder jeder Kette wächst das Verdrehungsspiel zwischen Kurbelwelle und Apparat. Verdrehungserscheinungen zu schwach dimensionierter Wellen, unvollkommener Massenausgleich usw. begünstigen das Entstehen von Schwingungen, so daß schließlich infolge unzeitigen Öffnens des Unterbrechers auch die Zündungen der einzelnen Zylinder in ihrer Phase verschoben sind. Die Folge davon ist ein unruhiger Gang und Schwingungsverstärkung, die letzten Endes kritisch werden und zum Bruch einer schwachen Stelle der Antriebsübertragung führen können.

Bei der Stromüberleitung *d* (Abb. 15) kann es vor allem eintreten, daß die Schleifkohlen brechen oder festsitzen. Diese sind beim Neueinsetzen auf leichtes Spiel hin zu prüfen. Insbesondere gilt dies von den Körperkohlen (Massekohlen), die zur besseren Rückleitung des Stromes dienen, damit er nicht den Weg über die gefetteten Kugellager bzw. Zahnräder zum Anker nehmen muß.

Bei der Stromverteilung *e* (Abb. 15) ist von Zeit zu Zeit die Verteilerscheibe abzunehmen, um den infolge von Abnützung der Verteilerkohle abgelagerten Kohlenstaub mit einem in Benzin getauchten Tuch zu entfernen. Nachheriges hauchdünnes Einölen der Laufflächen ist erforderlich. Kohlenstaub ist ein guter Leiter, weshalb unter Umständen der Zündstrom einem falschen Zylinder zugeführt werden und stoßweises Arbeiten verursachen kann. Ferner ist darauf hinzuweisen, daß bei nachträglicher Änderung der Drehrichtung außer einem andern Unterbrecher sowie einem Ölerdeckel entsprechender Pfeilgravierung auch der Eingriff des Verteilerrades gegenüber dem Ankerrad zu ändern ist, da sonst ein Nachbrennen bei Betätigung der Zündmomentverstellung an der Verteilerkohle eintritt. Bei den meisten Bügelmagneten mit Verstellung, sowie bei Zwei-Zylinderapparaten für V-förmige Motore müssen ferner die Polschuhe wegen der Überlappungen gewechselt werden und außer dem Unterbrecher ist bei letzteren auch noch der Schleifring umzutauschen. Bei Drehrichtungsänderung empfiehlt es sich daher, den Apparat an das Lieferwerk einzusenden. Der aus einem Stirnräderpaar 7 und 72 (Abb. 23) bestehende Verteilerantrieb kann in seinem Achsenstand durch den Verteilerbolzen 80 justiert werden, bis die Zähne ruhig kämmen. Bei Mea läßt sich dies in sehr einfacher Weise von außen während des Betriebes bewerkstelligen, indem man die beiden Sechskantschrauben 82 mit denen der Verteilerbolzen 80 befestigt ist, etwas löst und in Schlitzen entsprechend verstellt. Bei den meisten Bügeltypen ist es erforderlich, die vordere Staubkapsel abzuschrauben, um mittels eines Steckschlüssels an die Halteschrauben des Verteilerlagers gelangen zu können.

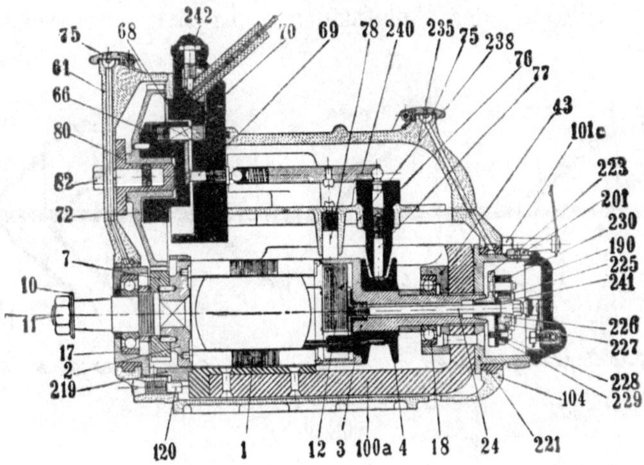

Abb. 23.

Selbstredend müssen alle Kabelverbindungen sowohl innerhalb des Apparates, als auch zu den Kerzen und Schaltern einwandfrei sein. Das Kurzschlußkabel bedingt manchmal ungewollte Stillsetzung des Motors, sofern die Gewebeisolation schadhaft ist und die Kabelseele mit der Masse in Berührung kommt. Solche Kabel sind auszuwechseln. Die Masseverbindungen sind ebenfalls zu beachten, denn wie schon oben angedeutet, bewerkstelligen sie die Stromrückleitung.

Die Beanspruchung der Isolationen ist durch den hochgespannten Wechselstrom spitzer Kurvenform eine erhebliche (Abb. 24).

Die Isolierwerkstoffe sind gar nicht so empfindlich gegen kurzzeitige Spannungsbeanspruchungen, als man schlechthin annimmt, denn jede Überbeanspruchung eines festen Isolierwerkstoffes hinterläßt dauernde Spuren, wobei sich die Einzelwirkungen addieren, die elektrische Festigkeit untergraben und schließlich zum Durchschlag führen [1]). Daher ist auf die entladende Wirkung der Sicherheitsfunkenstrecke wie eingangs erwähnt zu achten.

Einige Firmen benützen sogenannte Zündungsverstärker, das sind einfach Summer, die in den Batteriekreis während der Anlaßdauer selbsttätig eingeschaltet

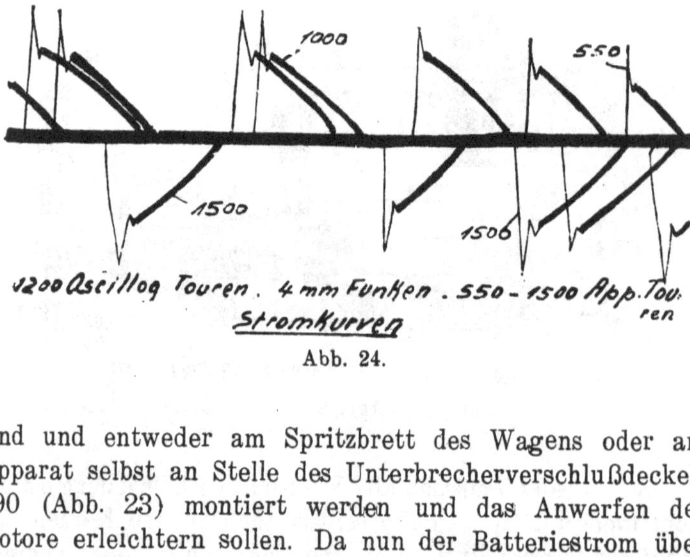

Abb. 24.

sind und entweder am Spritzbrett des Wagens oder am Apparat selbst an Stelle des Unterbrecherverschlußdeckels 190 (Abb. 23) montiert werden und das Anwerfen der Motore erleichtern sollen. Da nun der Batteriestrom über den Verstärker und die in Reihe geschaltete Primärwicklung während der Unterbrecheröffnungsdauer in kurzen Zeitzwischenräumen fließt, und folglich ein in seiner Stärke wechselndes, aber im Richtungssinn relativ zum Ankerkern stets gleichbleibendes Ankerfeld aufbaut, so bewirkt die während des Anlassens bedingte Ankerdrehung, daß bei der einen halben Umdrehung das Dauermagnetfeld durch das Ankerfeld verstärkt wird, während bei der nächsten halben Ankerumdrehung das äußere Magnetfeld durch das pulsierende Ankerfeld entmagnetisiert wird. Es kann nun

[1] E. T. Z. 1922, Seite 1534.

eintreten, daß der Verstärker gerade nach einer solchen Entmagnetisierung abgeschaltet wird, so daß das Dauermagnetfeld etwas geschwächt ist. Beim Betrieb ergeben sich alsdann ab und zu Aussetzer.

Eine weitere Hauptbedingung ist die richtige Einstellung der Zündung, insbesondere die der Zündfolge des Motors entsprechende richtige Kabelverbindung. Jede Zündapparatefabrik gibt hierüber Beschreibungen heraus, aus denen alles nähere entnommen werden kann. Endlich ist bei Demontage des Apparates darauf zu achten, daß, wenn der Anker herausgenommen wird, der Kraftfluß des Dauermagneten mit einem Eisenstück (z. B. Quer-

Abb. 25.

Abb. 26.

schnitt 10×30) kurzgeschlossen wird, da sonst der Magnetismus nachläßt, was beim Betrieb wieder Aussetzer und schweres Anwerfen zur Folge hat.

Welche Schäden bei einer fehlerhaften Montage des Apparates auftreten können, darüber geben Abb. 25 und 26 Aufschluß. Abb. 25 veranschaulicht ein stark in den Zähnen zerschundenes Ankerrad. Der Grund lag darin, daß die beiden Sechskantschrauben 82 (Abb. 23) zur Haltung des Verteilerzapfens 80 nach vorheriger Demontage nicht wieder festgezogen waren, weshalb bald am Verteilerrad 72 einige Zähne brachen und ein Mahlen der Zahnräder eintrat. Die fein zermahlenen Bruchstücke drangen in das vordere Kugellager 17 und richteten dort verheerende Wirkungen an. Die Kugeln bekamen Luft in den Laufringen, das Lager schlug sich aus und einzelne Kugeln brachen schließlich. Die Wirkung auf das Kugellagerkäfig zeigt Abb. 26.

II. Zündkerzen.

Die häufigsten Störungen treten an den Zündkerzen auf. Diese bestehen aus einer in Steatit, Glimmer oder Quarz isolierten Mittelelektrode (Abb. 27), welche gasdicht in den Verbrennungsraum führt. Am unteren Ende

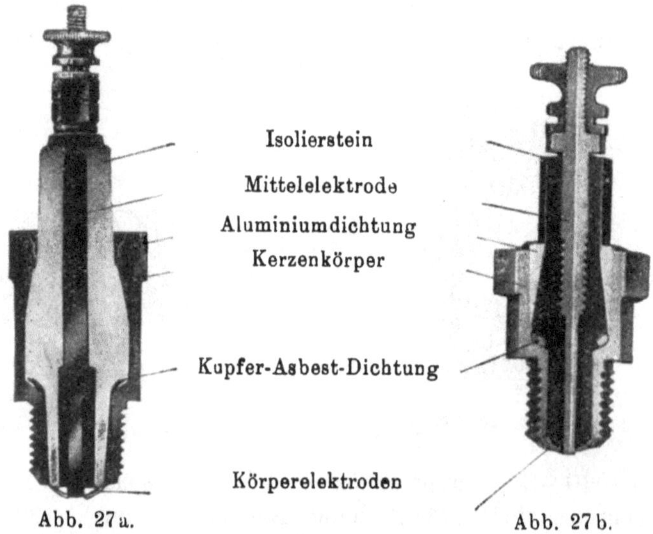

Abb. 27a. Abb. 27b.

derselben springt der hochgespannte Zündstrom in Form eines Lichtbogens über einen Luftspalt von 0,4 mm zu den Körperelektroden über.

G a s d i c h t h e i t, auch bei hohen Temperaturen, ist ein unbedingtes Erfordernis jeder guten Kerze. Dies hört sich sehr einfach an. Selbst ganz geringe Undichtheiten ermöglichen das Eindringen der heißen Verbrennungsgase ins Kerzeninnere und erhitzen dort die Dichtungen so stark, daß unter der Einwirkung der Ladungsverpuffungen der I s o l i e r k ö r p e r über kurz oder lang im K e r z e n - k ö r p e r l o s e wird. Manchmal zeigt sich bei stark hitzenden Motoren und schlecht gekühltem Kerzensitz trotz bester Gasdichtheit der Kerze im kalten Zustand ein Losewerden der Isolationssteine. Dies ist auf die ungleiche Wärmeleitzahl des Eisens und des Isolationssteines zurückzuführen, denn der Kerzenkörper (Abb. 27) erhitzt sich schneller, als der Stein und dehnt sich demzufolge stärker aus. Der Ausdehnungskoeffizient sollte für die verschiedenen Kerzenbaustoffe nicht gleich, sondern der Wärmeleitfähigkeit umgekehrt proportional sein, d. h. im vorliegenden Fall sollte er beim Isolationsstein etwas größer als der des Eisens sein. Die hohen Temperaturen untergraben auch die Festigkeit des Dichtungswerkstoffs, so daß die verpuffenden Verbrennungsgase die Gasdichtheit der Kerze bald gefährden.

Bei der Kerze (Abb. 27) wird die Abdichtung auf einfache aber wirkungsvolle Art mittels Metalldichtungsringen durch Einpressen erreicht. Andere Konstruktionen ziehen Abdichtung mittels Ringmutter und nachgiebigen Packungen vor, um Isoliersteine evtl. leichter auswechseln zu können. Die Mittelelektrode wird entweder mittels Muttern gegen einen Bund festgezogen (Abb. 27 a) oder in den Isolierstein eingeschraubt und festgekittet (Abb. 27 b). Mit Vorliebe benützt man heute das Steatit als Isolation, welches scharf gebrannt eine um 50% höhere Biegungsfestigkeit, sowie eine um ebensoviel bessere elektrische Durchschlagsfestigkeit gegenüber Hartporzellan besitzt. Der Ausdehnungskoeffizient ist auch weit größer als der des Hartporzellans, d. h. ungefähr ebenso groß, wie der des Stahles. Infolge der höheren Festigkeit hält Steatit den erheblichen Einpreßdruck zum Abdichten der Kerze aus, während Hartporzellan regelmäßig zersprang. Bei sehr hohen Verbrennungstemperaturen kommt es hin und wieder vor, daß infolge von inneren Werkstoffspannungen sowie Strukturänderungen, welche mit der Zeit unter dem Einfluß der thermischen Beanspruchung auftreten, der Isolierstein bei röhrenförmiger Ausbildung (Abb. 27) an seinem unteren Teil bricht. Für hochverdichtete Motore muß daher eine andere Kerzentype benutzt werden, bei welcher der Isolierstein nebst den Elektroden den veränderten Ansprüchen entsprechend anders durchgebildet ist. Eine solche Kerze ist z. B. die Kerze in Abb. 28, welche einpolig ist.

Sehr wichtig ist der Kerzensitz am Zylinder. Es sind gute Kühlung, Lage in frischem Gasgemisch und allseitig kurze Verbrennungswege anzustreben. Im allgemeinen sollten tote Winkel, sogenannte Gassäcke, die nur schlecht von neuem Gemisch durchspült werden können, vermieden werden, da die Ladungsdurchflammung sehr träge vonstatten geht, was die unteren Zylinderpartien stark erhitzt.

Abb. 28.

Zentrale Anordnung über der Zylindermitte ergibt oft unbefriedigende Kühlung. Heranführen der Wasserkühlung bis dicht an den Kerzensitz hilft dem Übel ab. Vielfach wird der Einbau über den Saugventilen vorgezogen, was der Kühlung der Kerze durch den Frischgasstrom, sowie der Ladungsverpuffung förderlich ist. Bei oben gesteuerten Ventilen ist man mit Rücksicht auf die Konstruktion und Zugänglichkeit oft zu einem Kompromiß gezwungen, in dem man die Kerzen seitwärts an den Zylinderwänden unter dem Einlaßventil wagrecht, oder schräg nach unten geneigt, einschraubt. Bei luftgekühlten Motoren empfiehlt es sich, die Kerze dem Fahrwind zuzukehren. Insbesondere bei luftgekühlten Zweitaktern mit ihrer spezifisch hohen Zündungszahl ist größte Sorgfalt anzuwenden. Allgemeine

Regeln lassen sich nicht aufstellen, da die Eigenart der verschiedenen Konstruktionen, ferner die Betriebsbedingungen, die Wirtschaftlichkeit, sowie die Elastizität des Motors von Fall zu Fall zu erwägen sind. Dauerversuche, so kostspielig sie auch heute sind, können hier nur entscheiden und dürfen nicht gescheut werden.

Den verschiedenen Bauarten entsprechend gibt es Zündkerzen mit 12 mm und mit 18 mm Gewindelänge und ebenso mit entsprechenden Schaftlängen. Stets muß jedoch die Unterkante des Zündkerzengewindes mit der inneren Zylinderwand bündig sein, so daß nur die Elektroden in den Verbrennungsraum hineinragen. Bei zurückstehender Kerze erfolgt durch die kaminartige Vertiefung Verzögerung der Ladungsverbrennung. Steht jedoch das Kerzengewinde in den Verbrennungsraum vor, so erhitzen sich die scharfkantigen Gewindegänge so stark, daß die Wärme der Elektroden nicht zum Kerzenkörper abfließen kann. Es entstehen Wärmestauungen, die letzten Endes die Elektroden zum Glühen, ja Verbrennen bringen können. Glühzündungen sind die Folge. Manchmal gehen diese Glühzündungen außer von Ölkohle auch von der Mittelelektrode aus, die ja von schlecht wärmeleitendem Isolierstoff umgeben ist. Deshalb findet man auch Kerzen, deren oberer frei herausragender Zentralstift, ähnlich wie bei einem luftgekühlten Motor, mit Kühlrippen versehen ist.

Wichtig ist der Elektrodenabstand. Wie schon oben angegeben, soll dieser 0,4—0,5 mm betragen. Ist er zu groß, so tritt die parallel geschaltete Sicherheitsfunkenstrecke in Tätigkeit, wodurch die Zündung in dem betreffenden Zylinder ausbleibt. Bei zu kleiner Entfernung der Elektroden wird der Funke weniger heiß, so daß gasarme Gemische träge oder gar nicht entflammt werden. Bei nicht stimmendem Abstand hilft einfaches Nachbiegen. Die untere Hälfte der Mittelelektrode, sowie die Körperelektroden bestehen meist aus Reinnickel, das den hohen Temperaturen länger widersteht und viel weniger Affinität zu Sauerstoff hat, als Eisen und Stahl. Korrosionen sind daher weniger zu befürchten. Die Körperelektrode wird

— je nach dem beabsichtigten Zweck — in verschiedene Einzelelektroden aufgelöst. Man baut ein- bis vierpolige Kerzen, sowie solche mit sogenannten Tellerringelelektroden. Die Annahme ist jedoch irrtümlich, als ob nun zu gleicher Zeit bei mehrpoligen, z. B. dreipoligen Kerzen drei Funkenbänder entstehen würden. Vielmehr springt der Funke nur an derjenigen Elektrode über, bei der gerade der geringste Übergangswiderstand besteht. Wird nun letzterer durch geringen Abbrand dieser Elektrode größer als bei den übrigen Elektroden, so springt nunmehr der Funke an der zweiten oder dritten Elektrode über. Genau so verhält es sich bei den Tellerringelektroden, wo auch nur an der Stelle günstigen Übergangswiderstandes ein Funke überspringt. Die mehrpolige Ausbildung hat also den Zweck der mehrfachen Sicherheit, sowie Vergrößerung der Lebensdauer der Elektroden.

Ein übles Kapitel ist das Verrußen und Verölen. Hat der Vergaser eine zu große Brennstoffdüse, so saugt der Motor zu „fettes“, d. h. zu gasreiches Gemisch an. Das richtige Verhältnis von Luftzuführung und Luftbedarf ist gestört, es tritt Luftmangel ein, so daß der Auspuff des Motors wegen unvollkommener Verbrennung das bekannte Qualmen und Knallen zeigt. Manchmal sind auch Öldämpfe schuld, die beim Saugtakt und undichten Kolben vom Kurbelgehäuse an den Kolbenringen vorbei in den Verbrennungsraum gelangen. Gleiches gilt von überöltem Motor. In solchen Fällen ist unvollkommene Verbrennung letzten Endes auf Dissoziationserscheinungen zurückzuführen, d. h. die leicht siedenden Brennstoffteile reißen zuerst fast so viel Luft an sich, als zu ihrer vollkommenen Verbrennung nötig ist, während die schwerer siedenden Teile mit dem Luftrest zufrieden sein müssen und unvollständig verbrennen. Die Kohlenwasserstoffverbindungen scheiden dann den Kohlenstoff aus, der zusammen mit verbranntem Schmieröl den Kolbenboden, Zylinderkopf und den unteren, den Verbrennungsgasen ausgesetzten Teil der Zündkerze, insbesondere den Isolierstein mit einer ranzigen Rußschicht überzieht. Man vermeide deshalb Brennstoffmischungen, bei denen der Siedepunkt der Einzelbestandteile zu weit auseinanderliegt. Der Rußniederschlag auf dem Isolierstein leitet den elektrischen Strom und schließt die Kerze kurz, so daß der Funke an den Elektroden ausbleibt. Um diesem Übelstand nach Kräften abzuhelfen, ist bei der Kerze in Abb. 27 der untere Teil des Isoliersteins röhrenförmig ausgebildet, so daß der „Kriechweg" von der Mittelelektrode zur Masse des Kerzenkörpers ein Größtmaß erreicht. Trotz Rußbelag wird der Funke es meist vorziehen, den kleinen Luftspalt zwischen den Elektroden zu überspringen, sofern nicht infolge allzu starker Verrußung die Oberflächenspannung kleiner wird als die Funkenspannung. Es ist alsdann dringend ein Auswaschen in Benzin vorzunehmen. Versuche ergaben, daß so konstruierte Kerzen bei Rußbelag noch funktionieren.

Die V o r s c h a l t f u n k e n s t r e c k e ist ebenfalls ein Hilfsmittel. Es ist dies einfach eine zur eigentlichen Funkenstrecke in Reihe geschaltete zweite Funkenstrecke, die in Form einer kurzen Unterbrechungsstelle in den Hochspannungskreis (manchmal direkt in die Kerze) eingebaut ist. Sie erhöht sehr beträchtlich die Eigenfrequenz des Zündstromes, wodurch die Reaktanz und damit auch der scheinbare Widerstand des Nebenschlußrußkreises stark wächst, so daß kaum ein Stromfluß über die Rußbrücke stattfindet und der Funke es vielmehr vorzieht, den kleinen Luftspalt zwischen den Elektroden zu überspringen. Allerdings muß die Schlagweite der Vorschaltfunkenstrecke dem Nebenschlußwiderstand der Rußbrücke, d. h. der Stärke der Verrußung entsprechend gewählt werden, also bei starker Verrußung größer als bei schwacher. Obwohl die oszillatorischen Wirkungen der Vorschaltfunkenstrecke seit langem bekannt sind, konnte sich diese bis heute noch nicht stark einführen. Das Andrehen der Motore geht bei unveränderlichem Abstand der Vorschaltfunkenstrecke entsprechend dem gesteigerten Widerstand etwas schwerer von statten.

Das Verölen der Elektroden entsteht dadurch, daß die Rückstände des auf dieselben gespritzten und darauf verbrannten Öls schließlich eine so starke Kruste (Ölkohle) bilden, daß der Luftspalt zuwächst. Die Elektroden müssen deshalb so dimensioniert sein, daß sie sich während des Betriebes so stark erhitzen, daß darauf geschleudertes Öl verdampft, und daß sie andererseits nicht ins Glühen geraten. Es gibt heute eine ganze Anzahl guter Kerzen, welche der Öl- und Rußsicherheit, sowie immerhin verhältnismäßig hohen Temperaturen genügen und auch die in Abb. 29 gezeigte dreipolige Kerze (Bosch, Mea, Eisemann)

Abb. 29.

hat sich sehr gut bewährt. Da die Gesetze der Wärmeleitung und Wärmestrahlung mitunter den Erfordernissen der Öl- und Rußsicherheit zuwiderlaufen, so stellen Kerzen, die für normale Motore durchgebildet sind und den verschiedenen Betriebsbedingungen gewachsen sein sollen, stets ein Kompromiß zwischen beiden dar. Den mannigfachen Anforderungen der verschiedenen Motorentypen entsprechend werden deshalb auch zahlreiche Zündkerzentypen durchgeblidet.

III. Behebung von Anständen.

Vorausgeschickt soll sein, daß die Fachgruppe 17 (Zündung und Fahrzeugbeleuchtung) des Zentralverbandes der deutschen elektrotechnischen Industrie schwer auswechselbare Ersatzteile wie Ankerkerne, Ankerdeckel, Kugellager, Kondensatoren, Schleifringe, Zahnräder, Verteilerlager und Unterbrecherteile mit Ausnahme von Kontaktschrauben nur an solche Reparaturwerkstätten abgibt, die im Besitze guter Werkstatteinrichtungen sind und die Gewähr sachgemäßer Instandsetzung bieten. Die Zündungsfirmen sahen sich zu dieser Maßnahme gezwungen, da durch fehlerhaften Eingriff manchmal die Beanstandungen eher wachsen, als daß sie beseitigt werden. Deshalb ist im vorstehenden darauf hingewiesen, ob und wie der Schaden behoben werden soll, oder ob der Apparat lieber an die Zündapparatefabrik und deren Verkaufsbüros bzw. an eine gut eingerichtete Reparaturwerkstätte eingesandt werden soll. Beim Aufsuchen von Fehlern verfahre man folgendermaßen:

1. Zündkerzen untersuchen und evtl. auswechseln.
2. Hochspannungskabel und Kurzschlußkabel untersuchen.
3. Feststellen, ob Unterbrecher richtig arbeitet.
4. Unterbrecherkontakte reinigen.
5. Verteilerscheibe reinigen.
6. Schleifkohlen nachsehen.
7. Apparateeinstellung kontrollieren.

Ist keiner der angegebenen Fehler ersichtlich, so ist es ratsam, daß man den Motor bei geöffneten Zischhähnen einige Male rasch durchdreht, während ein Mann ein von der Zündkerze gelöstes Zündkerzenkabel mit dem Kabelschuh bis auf zirka 5—6 mm an die Masse der Motorzylinder heranhält. Selbstredend muß die Zündung eingeschaltet sein, so daß nunmehr der Apparat fähig sein muß, den genannten Luftspalt von 5—6 mm mittels Funken zu überbrücken. Nimmt man diese Prüfung nacheinander bei den verschiedenen Hochspannungskabeln zu den Zündkerzen vor, ohne daß der Funke in der beschriebenen Weise überspringt, so ist es ratsam, den Apparat auszumontieren und ihn unverändert an das Lieferwerk, dessen Verkaufsbüros oder an eine erstklassig eingerichtete Reparaturwerkstätte zu senden. Denn meist liegt dann entweder Wicklungsdurchbrand, Isolationsdurchschlag oder Kondensatorschaden vor und wie schon weiter oben erwähnt, ist dann unbedingt davon abzuraten, den Schaden selbst beheben zu wollen.

Bei richtiger Behandlung und Verständnis für die Eigenarten der Zündung ist dieselbe der getreueste Diener, und Anstände zählen alsdann zu den größten Seltenheiten. Es ist nicht selten, daß Apparate zur erstmaligen Instandsetzung an das Lieferwerk eingesandt werden, welche außer einer gelegentlichen Ersetzung der Kontaktschrauben und Kohlen nahezu während eines Dezeniums täglich anstandslos und treu ihren Dienst versahen.

Störungszeichen	Ursachen	Abhilfe	Hilfsmittel zum Auffinden
Ein Zylinder setzt dauernd aus	Zündkerze verölt, verrußt; Elektrodenabstand zu groß, zu klein; Isolierstein defekt; Hochspannungskabel unterbrochen od. hat Masseschluß;	Zündkerze in Benzin reinigen; Elektroden auf 0,4 mm Abstand nachbiegen; Kerze auswechseln; Kabel auswechseln;	Motor auf Leerlaufdüse laufen lassen. Kerzen nacheinander mit Schraubenzieher kurz schließen. Bei schadhafter Kerze sinkt hierbei Motordrehzahl **nicht**.
Unregelmäßiges Zünden	Verteiler verschmutzt; Kurzschlußkabel hat Masseschluß; Körperkohle klemmt; Verteilerkohle gebrochen; Zündung falsch eingestellt; Unterbrecher öffnet mehr als 4/10 mm; Kontakte verölt oder verbrannt; Unterbrecherfedern lahm, gebrochen; Zusatzfedern vergessen; Unterbrecherhebel klemmt; Unterbrecherhebel hat zu viel Luft; Fiberklotz am Hebel stark abgenutzt; Kondensator defekt;	Verteiler mit Benzin reinigen; Kurzschlußkabel auswechseln; Körperkohle lockern; Verteilerkohle ersetzen; Einstellung nachkontrollieren; Unterbrecherhub auf 4/10 einstellen; Kontakte reinigen bzw. vorsichtig eben feilen; Unterbrecher an Fabrik einsenden; Zusatzfedern einsetzen; Unterbrecherhebel mit Spezialreibahle nachreiben; Unterbrecher an Fabrik senden; Unterbrecher an Fabrik senden; Apparat an Fabrik senden;	bei Masseschluß des Kurzschlußkabels muß nach Lösen desselben von der Kurzschlußklemme die Zündung einwandfrei sein. Lahme Federn am Unterbrecher haben beträchtlich weniger als 600—800 Gr. Kontaktdruck. Bei defektem Kondensator zeigen sich an den Kontaktstellen des Unterbrechers starke Feuererscheinungen

MEA MAGNETO
LUDWIG HOHLWEIN MÜNCHEN
MEA-VERTRIEBS-AKTIENGESELLSCHAFT·STUTTGART·MARIENSTR·5·

Sie haben Ihre helle Freude
wenn Sie Ihren Wagen mit

„HASAG“

Autobeleuchtung

ausstatten.

Hugo Schneider, Aktiengesellschaft
Abteilung Autobeleuchtung, LEIPZIG

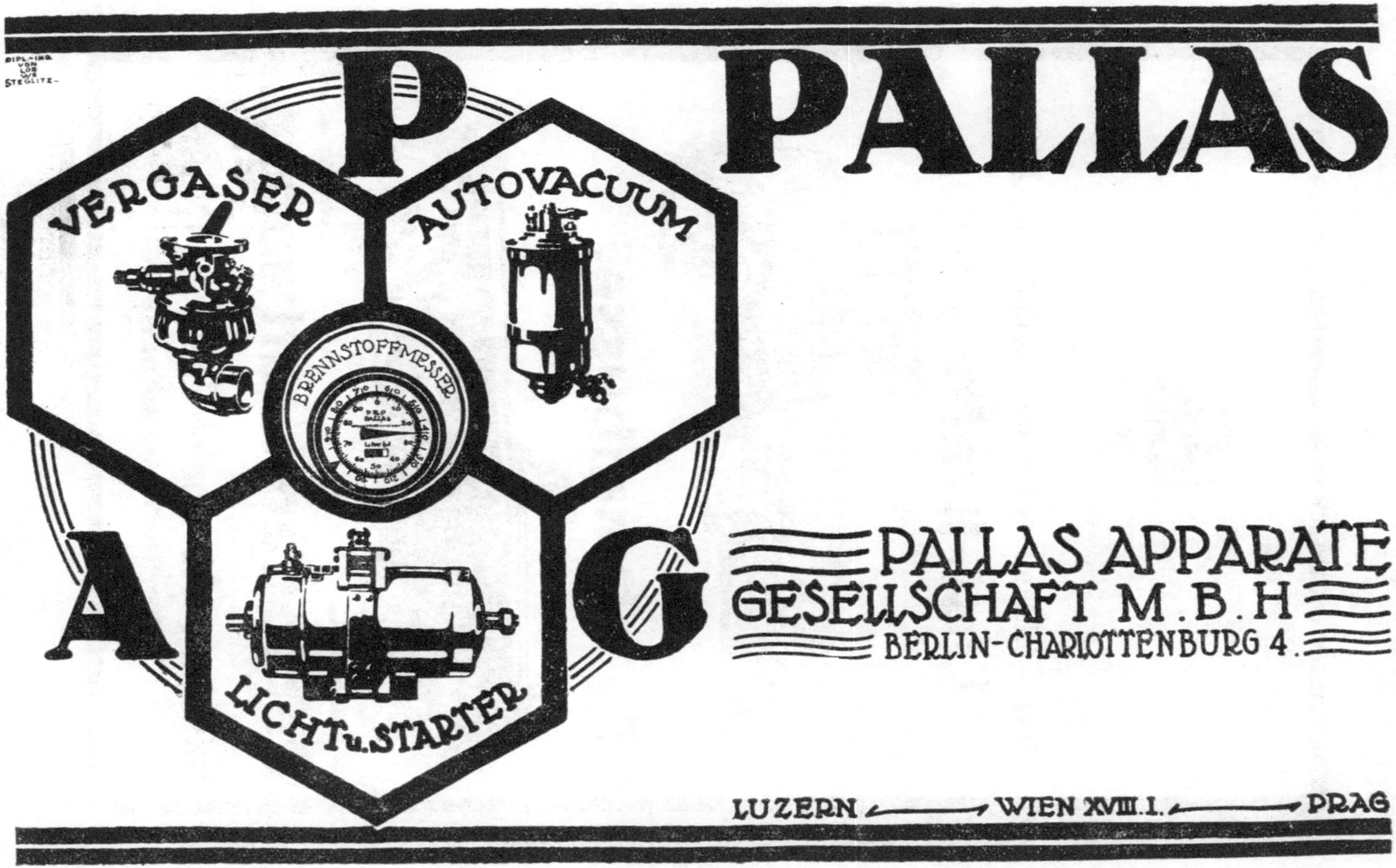

PALLAS
P
A
G
VERGASER
AUTOVACUUM
BRENNSTOFFMESSER
LICHT u. STARTER
PALLAS APPARATE
GESELLSCHAFT M. B. H
BERLIN-CHARLOTTENBURG 4.
LUZERN
WIEN XVIII.1.
PRAG

FSC
www.fsc.org
MIX
Papier | Fördert gute Waldnutzung
FSC® C083411

Zeitfracht Medien GmbH
Ferdinand-Jühlke-Straße 7
99095 Erfurt, Deutschland
produktsicherheit@kolibri360.de